Mario Di Pierro

Ipotesi di autonomia aziendale nell'approvvigionamento di carburanti

AF153258

Mario Di Pierro

Ipotesi di autonomia aziendale nell'approvvigionamento di carburanti

Valutazioni Economiche, Agronomiche ed Ambientali

Edizioni Accademiche Italiane

Impressum / Stampa

Bibliografische Information der Deutschen Nationalbibliothek: Die Deutsche Nationalbibliothek verzeichnet diese Publikation in der Deutschen Nationalbibliografie; detaillierte bibliografische Daten sind im Internet über http://dnb.d-nb.de abrufbar.

Alle in diesem Buch genannten Marken und Produktnamen unterliegen warenzeichen-, marken- oder patentrechtlichem Schutz bzw. sind Warenzeichen oder eingetragene Warenzeichen der jeweiligen Inhaber. Die Wiedergabe von Marken, Produktnamen, Gebrauchsnamen, Handelsnamen, Warenbezeichnungen u.s.w. in diesem Werk berechtigt auch ohne besondere Kennzeichnung nicht zu der Annahme, dass solche Namen im Sinne der Warenzeichen- und Markenschutzgesetzgebung als frei zu betrachten wären und daher von jedermann benutzt werden dürften.

Informazione bibliografica pubblicata da Deutsche Nationalbibliothek (Biblioteca Nazionale Tedesca): la Deutsche Nationalbibliothek novera questa pubblicazione su Deutsche Nationalbibliografie. Dati bibliografici più dettagliati sono disponibili in internet al sito web http://dnb.d-nb.de.

Tutti i nomi di marchi e di prodotti riportati in questo libro sono protetti dalla normativa sul diritto d'Autore e dalla normativa a tutela dei marchi. Questi appartengono esclusivamente ai legittimi proprietari. L'uso di nomi di marchi, di nomi di prodotti, di nomi famosi, di nomi commerciali, di descrizioni dei prodotti, ecc. anche se trovati senza un particolare contrassegno in queste pubblicazioni, sono considerati violazione del diritto d'autore e pertanto non possono essere utilizzati da chiunque.

Coverbild / Immagine di copertina: www.ingimage.com

Verlag / Editore:
Edizioni Accademiche Italiane
ist ein Imprint der / è un marchio di
OmniScriptum GmbH & Co. KG
Heinrich-Böcking-Str. 6-8, 66121 Saarbrücken, Deutschland / Germania
Email / Posta Elettronica: info@edizioni-ai.com

Herstellung: siehe letzte Seite /
Pubblicato: vedi ultima pagina
ISBN: 978-3-639-65948-1

Mario Di Pierro

IPOTESI DI AUTONOMIA AZIENDALE NELL'APPROVVIGIONAMENTO DI CARBURANTI

VALUTAZIONI ECONOMICHE, AGRONOMICHE ED AMBIENTALI

Sommario

Premessa

Il presente lavoro riferisce in merito ad uno studio svolto presso l'Azienda Agricola "Di Pierro" sita in agro di Troia (FG).

La prevalente attività aziendale consiste nella gestione di servizi agro-meccanici per la coltivazione di specie agrarie erbacee effettuate con mezzi propri e personale aziendale in conto terzi, ovvero a vantaggio di altre aziende agricole che richiedono l'espletamento di tali servizi.

Nel quadro della cosiddetta *"agricoltura multifunzionale"* ha preso piede la possibilità di svolgere un'attività produttiva destinata alla generazione di energia rinnovabile, a partire da biomasse agricole, come attività economica connessa a quella agricola tradizionale, ovvero a destinazione alimentare (Vannini, 2005).

L'ipotesi che si è inteso verificare nel corso del lavoro è quella di riuscire a garantire il rifornimento interno dell'azienda riguardo agli approvvigionamenti di carburante a partire dalle produzioni della coltura oleaginosa più rappresentativa del comprensorio agrario, ossia il girasole. Si tratta, in altri termini, di un'ipotesi di autonomia energetica aziendale (qualcuno direbbe di "autarchia") che, in tempi di crisi, risolleva antiche ma famigerate aspirazioni. A tal fine, sono state sviluppate delle valutazioni di carattere tecnico, ambientale ed economico in grado di fornire, nel complesso, un profilo completo di giudizio. Ciò che ne è risultato, duole dirlo, è che, allo stato attuale, tale proposta non è praticabile nei nostri particolari ambienti. Il fattore limitante che maggiormente ne condiziona la riuscita è rappresentato, per la provincia di Foggia, dalle limitate produzioni in acheni del girasole. Tale fattore, infatti, non consente il decollo di una filiera economicamente sostenibile a differenza di quanto invece potrebbe realizzarsi negli areali italiani più favorevoli alla medesima coltura, le regioni centrali della Toscana, dell'Umbria, delle Marche e degli Abruzzi.

Si è potuto verificare, infatti, che una produzione in acheni inferiore ad una soglia di almeno due tonnellate per ettaro pregiudica la convenienza economica a praticare la coltivazione del girasole.

1. Introduzione

L'incremento progressivo del costo del petrolio e, di conseguenza, l'aumento del prezzo dei carburanti nonché della maggior parte dei fattori produttivi che sono impiegati nei processi di coltivazione (concimi, diserbanti, antiparassitari, ecc.), costituiscono fattori di ostacolo ad una piena realizzazione di adeguati redditi agricoli. A questa pesante situazione (comune anche alla gran parte dei processi produttivi di tipo industriale) inevitabilmente si aggiungono ulteriori fattori in grado di rendere ancor più grave lo scenario che va prefigurandosi per il futuro. L'esaurimento delle risorse petrolifere e, in tempi solo di poco successivi, anche di quelle di metano e carbone, inducono alla ricerca di alternative "non fossili", in grado di garantire un approvvigionamento stabile e sicuro di energia. Le fonti energetiche "rinnovabili" devono però dimostrarsi affidabili con riferimento ad un ulteriore allarmante fenomeno, anche questo a diretta responsabilità antropica e conseguente al primo. L'incremento della temperatura terrestre su scala planetaria (il cosiddetto *"global warming"*) è infatti dovuto al progressivo aumento della concentrazione in atmosfera dei gas ad effetto serra (GHG - *"greenhouse gases"*). Questi gas, copiosamente emessi a seguito delle attività dell'uomo, non sono solo rappresentati dall'anidride carbonica (CO_2) ma anche dal metano (CH_4) e dal protossido di azoto (N_2O). L'attività agricola, nella sua versione tecnologicamente più intensiva ed energivora, sconta una responsabilità "emissiva" assai ampia e certamente non trascurabile in raffronto al settore industriale o a quello dei trasporti. L'agricoltura, infatti, secondo i rilevamenti dell'IPCC (2006) è responsabile del 84 % delle emissioni di N_2O (il gas a maggiore effetto serra e pari a circa 300 volte quello esercitato dalla CO_2) ed il 47 % di metano (il cui valore clima-alterante è pari a 30 volte quello della CO_2).

Diviene quindi urgente ridurre drasticamente i consumi fossili ed assicurarsi un approvvigionamento energetico incentrato sull'impiego di fonti rinnovabili.

E' un dato del tutto evidente che la nostra agricoltura, prima dell'avvento industriale innescato dall'ampia disponibilità di carburanti fossili a basso prezzo, incentrasse il suo efficace funzionamento nella strutturazione di unità produttive aziendali di tipo misto (od "integrato", si direbbe oggi) in cui parte delle superfici agrarie adibite alle coltivazioni erbacee erano destinate alla produzione cerealicola o di altre colture a carattere alimentare od industriale (le cosiddette colture "da reddito") mentre un'altra parte, non trascurabile (secondo definiti rapporti dimensionali), era invece destinata alle produzioni foraggere in grado di garantire la prestazione di un'adeguata forza lavoro animale (gli animali cosiddetti "da soma"). Tale forza lavoro, necessaria all'impiego delle attrezzature agricole e ad agevolare le operazioni colturali, è oggi completamente sostituita dalla forza meccanica azionata dal motore (che però, per operare, necessita di carburanti fossili).

La semplificazione e la surrogazione dei modelli produttivi agricoli oggi adottati ha determinato condizioni di totale dipendenza energetica della nostra agricoltura. Si tratta, quindi, di cominciare ad acquisire "spazi" di autonomia rispetto ad un modello talmente "energivoro" (e conseguentemente capace di generare un forte impatto ambientale) da non risultare più tollerabile.

Da queste considerazioni preliminari discende la scelta di questa esperienza di tirocinio. Valutare la possibilità che una parte delle superfici colturali sia adibita alla coltivazione di specie agrarie dalla cui produzione ottenere, tramite opportuna trasformazione, i biocarburanti necessari per approvvigionare il parco macchine aziendale.

Nel caso in cui il carburante fosse rappresentato dal *biodiesel*, esso può essere ottenuto a partire da oli vegetali, a loro volta il risultato del processo di spremitura meccanica di semi oleaginosi e successiva esterificazione dell'olio. Tale trasformazione è del tutto semplice, sia perché di facile esecuzione, sia perché non necessita di macchinari od attrezzature particolarmente costosi; pertanto, la produzione del biodiesel può essere considerata un processo in filiera "corta", proponibile a scala aziendale o, a livello solo un po' più esteso, considerando più aziende agricole associate fra loro al fine di ripartire più convenientemente i costi comuni dell'intero processo.

Riguardo alla coltura oleaginosa di riferimento nei nostri areali (quelli della provincia di Foggia), il girasole (*Heliantus annus*) può essere considerata la specie agraria più tipica e quella immediatamente candidabile. In alternativa, ma con caratteristiche dissimili in termini agronomici, anche il colza (*Brassica oleaginosa*) potrebbe costituire una possibile soluzione, quest'ultimo eventualmente sostituito da specie oleaginose idonee a climi tendenzialmente più caldi ed aridi come, ad esempio, la *Brassica carinata*.

La dimensione produttiva di più imprese agricole associate è stata ritenuta di particolare interesse per la strutturazione della filiera e, per questo motivo, si è ritenuto d'individuare in un'azienda che svolge attività di servizio agro-meccanico il referente organizzativo privilegiato di questa compagine d'imprese. Le caratteristiche peculiari dell'azienda, infatti, la pongono in una posizione estremamente favorevole per poter "organizzare" una struttura di filiera completa, da un lato attivando il processo produttivo della coltura oleaginosa presso un numero sufficiente ed adeguato di aziende agricole e, dall'altro, proporsi come centro di trasformazione del prodotto, organizzando al suo interno lo stoccaggio dei semi, la loro spremitura, la trans-esterificazione dell'olio e l'immagazzinamento del *biodiesel* che verrà poi distribuito alle aziende associate. E' del tutto evidente che, in alternativa al sistema appena descritto, il biodiesel potrebbe essere venduto anche all'esterno del circuito delle aziende che hanno conferito il seme.

Un'azienda agro-meccanica sul modello dell'azienda in cui si è svolto il lavoro avrebbe così modo di ampliare i suoi servizi, innovare la produzione diversificando l'offerta ed incrementando i profitti aziendali, al contempo rimanendo saldamente nel solco di una caratterizzazione tipologica non dissimile dal modello aziendale di riferimento.

Dunque questa è, in estrema sintesi, l'idea che viene sottoposta al vaglio critico dell'analisi agronomica, ambientale ed economica. E' del tutto evidente, infatti, che solo se queste tre condizioni verranno simultaneamente soddisfatte sarà possibile ritenere valida e di fatto proponibile la filiera produttiva e l'alternativa di autoconsumo energetico che qui viene avanzata.

1.1 Descrizione dell'azienda "Di Pierro"

L'Azienda Agricola "Di Pierro" è un'azienda agro-meccanica che esercita prevalente attività conto terzi.

Il "contoterzista" (così com'è comunemente indicato) è il soggetto imprenditoriale che possiede macchinari agricoli, per lo più ad alta densità di capitale, utilizzando i quali offre agli imprenditori agricoli servizi consistenti nelle lavorazioni meccaniche. Questa specifica tipologia di servizio può svolgere un ruolo importante in agricoltura in quanto permette di svincolare le imprese agricole da onerosi investimenti fissi in macchinari ed attrezzature, il cui utilizzo sarebbe circoscritto a saltuarie lavorazioni agricole che talvolta si concentrano in periodi ristretti dell'anno e richiedono, in relazione all'ampiezza del fondo, un uso temporalmente assai limitato. L'imprenditore contoterzista può, invece, ottimizzare lo sfruttamento delle macchine mediante un utilizzo più intensivo e proporre i suoi servigi ad aziende agricole di ridotte dimensioni oppure a quelle che richiedono tipologie di lavorazioni ad alta specificità, per le quali, appunto, egli risulta meglio attrezzato. Il ricorso ai servizi agro-meccanici si sta comunque estendendo anche alle aziende più grandi, che hanno così l'opportunità di ridurre investimenti particolarmente onerosi e possono più agevolmente mutare le proprie decisioni tecnico-colturali.

La fornitura di servizi da parte di un'azienda contoterzista è oggi in espansione ed è passata dalle originarie operazioni di aratura e raccolta, circoscritte a taluni prodotti specifici, alla realizzazione di quasi tutte le operazioni colturali, fino alla gestione dell'attività di coltivazione nel suo complesso.

L'azienda è riferimento di molti imprenditori agricoli in provincia di Foggia ed ormai molto estesa è la superficie complessivamente oggetto d'intervento da parte dei mezzi aziendali. Le lavorazioni agro-meccaniche sono prevalentemente rivolte alle seguenti tipologie colturali: cereali (particolarmente grano duro, orzo e avena), oleaginose (girasole), leguminose (fava, favino, favetta e cece) (*Tabella 1*).

Coltivazioni	Aratura Ripuntatura	Erpicatura	Semina	Rullatura	Concimazione	Diserbo	Raccolta	Superficie *(Ha)*
Frumento	X	X	X	X	X	X	X	300
Avena	X	X	X	X	X	X	X	20
Orzo	X	X	X	X	X	X	X	30
Fava/Favino	X	X	X	X		X	X	50
Girasole	X	X	X				X	100

Tabella 1- Operazioni agro-meccaniche eseguite dall'impresa "Di Pierro", principali colture ed ettari di superficie agraria oggetto d'intervento

Le lavorazioni che l'azienda effettua sono :

- lavorazioni di messa a coltura: scasso (nella fase preliminare all'impianto degli arboreti);
- lavorazioni principali: quali aratura (*Foto 1*) o ripuntatura;
- lavorazioni secondarie: quali estirpatura, erpicatura (*Foto 2*), fresatura, rullatura (*Foto 3*).

Figura 1- Aratura

Figura 2- Erpicatura

Figura 3- Rullatura

La prevalente innovazione tecnologica dell'azienda, introdotta in questi ultimi anni, consiste nella proposta di sistemi di gestione del suolo agrario incentrati sulla lavorazione minima (*minimum tillage*). L'azienda, infatti, ha acquistato da qualche anno una *seminatrice combinata* in grado di eseguire una erpicatura contestualmente alla semina. L'impiego della tecnologia GPS, inoltre, consente di eseguire interventi di precisione in grado di calibrare opportuni dosaggi in base alle caratteristiche del suolo od alle mappe di produzione, ciò che consente un notevole risparmio dei mezzi tecnici distribuiti in campo (sementi, concimi, diserbanti, ecc.).

Per quanto riguarda il parco macchine aziendale (*Tabella 2*), si dispone di trattrici, di potenza che varia da 60 a 390 CV, ed una pluralità di macchine operatrici.

A questa attività agro-meccanica in conto terzi, si affianca anche la gestione completa di processi colturali su terreni acquisiti in affitto nonché un'attività diretta di coltivazione su terreni di proprietà.

N	Modello Trattrice	Potenza (CV)	Tipo di lavorazione	Superficie asservita (Ha)
2	New Holland, T8 390	390 CV	Aratura, ripuntatura, erpicatura, semina su sodo	600
1	New Holland, TD 5	115 CV	Semina, rullatura, trattam. fitosanitari, concimazioni	200
1	Lamborghini, 950	95 CV	Semina, rullatura, concimazioni	200
1	Lamborghini, 874-90	95 CV	Semina, rullatura e concimazioni	200
1	Fiat, DT 600	60 CV	Erpicatura (uliveti)	50
1	New Holland CSX 7050	270 CV	Mietitrebbiatura	300

Tabella 2 - Parco macchine aziendale (trattrici), tipologie di lavorazioni meccaniche e superficie agraria oggetto d'intervento

1.2 La filiera del girasole per la produzione di biodiesel

Il biodiesel è un combustibile di origine vegetale, pertanto rinnovabile ed altamente biodegradabile, ottenuto principalmente dalla spremitura di semi oleaginosi (colza, girasole e soia sono le colture più importanti) e da una successiva lavorazione dell'olio, detta trans-esterificazione, che consiste nella miscelazione di una mole di grassi (mono-, di- e tri-gliceridi) con tre moli di metanolo, in presenza di un catalizzatore basico (idrossido di potassio).

Le possibilità produttive per le aziende od i consorzi agricoli si articolano nel modo seguente (*Figura 4*):

- Produzione aziendale della materia prima (semi oleaginosi) e suo conferimento, tramite contrattazione di filiera, al comparto industriale per la successiva trasformazione in biocarburante;

12

- Produzione e vendita diretta di energia elettrica (ed eventualmente anche calore) a seguito dell'impiego del biocombustibile (olio) ottenuto in azienda;
- Impiego diretto dell'olio puro o del biodiesel prodotto in azienda ai fini dell'autoconsumo energetico dell'azienda.

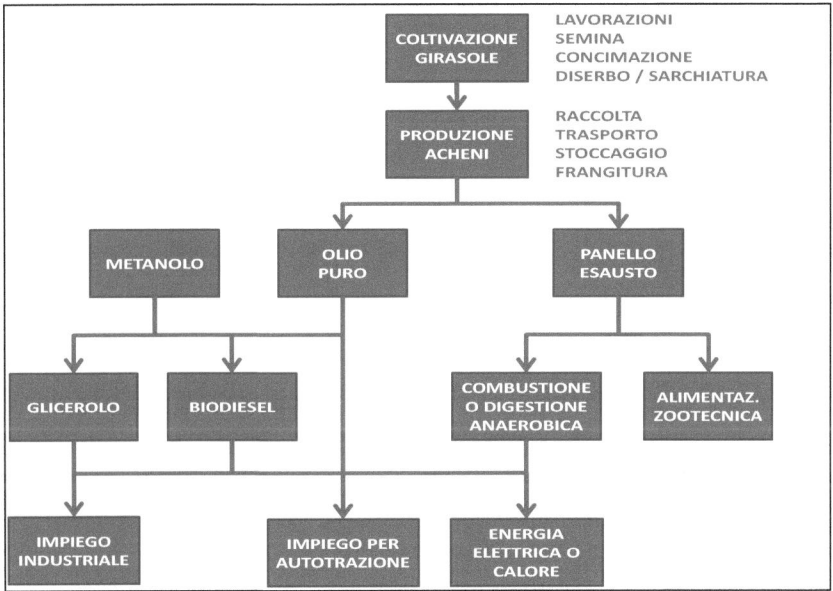

Figura 4 - Filiera agro-energetica del girasole finalizzata alla produzione di biodiesel ed altri sottoprodotti a destinazione energetica

In Italia solo due oleaginose (colza e girasole) e una proteoleaginosa (soia) evidenziano un livello produttivo e superfici coltivate tali da giustificarne l'interesse, potenziale, anche per finalità energetiche (Flagella & Monteleone, 2011).

L'olio grezzo non può essere impiegato direttamente nei motori normalmente alimentati con gasolio, ciò a causa della elevata viscosità, superiore di circa dieci volte a quella del gasolio, che determina un rilevante calo nelle prestazioni del motore ed una precoce usura di alcuni suoi elementi costruttivi. A tal riguardo, le alternative sono fondamentalmente due: possono essere modificati i motori, al fine di adattarli alle caratteristiche dell'olio combustibile; oppure quest'ultimo viene reso * compatibile all'impiego motoristico tramite il processo di trans-esterificazione.

Il prodotto così ottenuto, a seconda dei Paesi, è denominato FAME (*Fatty Acid Methyl Ester*) oppure *biodiesel*. Le sue caratteristiche sono simili a quelle del gasolio anche se il potere calorifico inferiore è lievemente più basso (34,38 contro 42 MJ kg-1) per cui determina un leggero calo di potenza. A seconda dei Paesi, viene utilizzato in miscele diverse con il gasolio ed è apprezzato perché, rispetto a quest'ultimo, ridurrebbe l'emissione di idrocarburi incombusti, monossido di carbonio, anidride carbonica, particolati e perché non contiene zolfo.

Nell'articolazione della filiera produttiva, il prodotto principale è rappresentato dall'olio (successivamente trasformato in biodiesel), mentre il sottoprodotto è dato dal panello, ad elevato valore proteico ed impiegato in mangimistica.

2. Descrizione dell'attività svolta

Durante lo studio sono stati trattati temi riguardanti la filiera agro-energetica del girasole a partire dalla sua coltivazione fino alla produzione di biodiesel ed alla conseguente disponibilità d'impiego dei sottoprodotti. L'intero processo produttivo può essere quindi ripartito in due distinte fasi, l'una meramente agricola (che si svolge sul campo coltivato), l'altra di tipo industriale (che si svolge, ad esempio, nel centro aziendale cooperativo).

In mancanza degli impianti utili per la trasformazione industriale dell'olio in biodiesel, tale seconda fase è stata analizzata solo dal punto di vista teorico, mentre la prima fase, quella di coltivazione del girasole, è stata seguita in azienda in tutte le sue articolazioni operative ed ha rappresentato il "cuore" delle attività svolte durante lo studio. Alla valutazione agronomica ha fatto seguito il conteggio dettagliato degli *input* energetici richiesti nei processi di coltivazione e trasformazione nonché l'esecuzione del bilancio energetico esteso all'intero processo di ottenimento del biodiesel e dei sottoprodotti. In ultimo, si è realizzato un calcolo in merito alla convenienza economica della filiera.

2.1 La tecnica colturale del girasole

Il girasole è una specie a ciclo primaverile-estivo, caratterizzata da modeste esigenze termiche e da elevata resistenza alle basse temperature nelle prime fasi di sviluppo, da brevità del ciclo biologico, da notevoli capacità di adattamento a condizioni di scarsa disponibilità idrica. Potendo germinare e svilupparsi a temperature relativamente basse, la coltura può essere seminata precocemente. La semina anticipata, unitamente alla precocità di sviluppo, consente alla pianta di fruire per lunga parte del ciclo biologico delle riserve d'acqua accumulate nel terreno durante l'inverno e fa sì che le fasi più delicate dello sviluppo, incentrate sullo stadio di fioritura, avvengano con anticipo

15

rispetto al verificarsi dei massimi termici ed evapotraspirativi della piena estate (Monotti, 2007).

Il girasole, per le sue caratteristiche morfo-fisiologiche, può adattarsi a condizioni di scarsa o irregolare piovosità ed elevati consumi evapotraspirativi estivi; è coltivato prevalentemente negli ambienti della cosiddetta "fascia del girasole" che corre dalla Toscana al versante adriatico e nelle aree con limitate disponibilità idriche del Nord.

Il girasole è una classica coltura miglioratrice da rinnovo, che nell'avvicendamento trova idonea collocazione tra due cereali microtermi. Essendo specie a semina primaverile e con ciclo colturale primaverile-estivo piuttosto breve, il girasole permette un'eccellente preparazione del terreno sul quale esso stesso sarà seminato e non crea problemi per le lavorazioni e le operazioni preparatorie necessarie per la semina del cereale successivo.

Per problemi di ordine fitosanitario, non dovrebbe ritornare sullo stesso terreno a intervalli di tempo troppo stretti, inferiori a 3-4 anni. In realtà, negli ordinamenti colturali asciutti delle regioni centro-meridionali, imperniati sulla coltura dei cereali a paglia, le varianti colturali a ciclo primaverile-estivo sono poche, per cui hanno finito per affermarsi su ampia scala rotazioni biennali tipo girasole-frumento (tenero o duro), o triennali con ristoppio di frumento o di altro cereale vernino: girasole-frumento-frumento, girasole-frumento-orzo.

In queste rotazioni di breve durata la coltura del girasole ha potuto reggere grazie alla disponibilità di ibridi geneticamente migliorati resistenti alla peronospora (*Plasmopara helianthi* Novot) ed alla disponibilità di efficaci prodotti antificomicetici capaci di proteggere le piante suscettibili dall'invasione del patogeno attraverso la concia del seme. Nella rotazione, inoltre, devono essere prudenzialmente escluse altre colture (come soia e colza) sensibili a malattie di difficile controllo, quali la sclerotinia, analogamente al girasole.

Per l'impianto della coltura, in alternativa alla tradizionale aratura, è possibile limitarsi all'impiego dell'erpice che opera ad una profondità di 10-15 cm. Per quanto attiene alla scelta varietale e con riferimento alla filiera del biodiesel, vengono proposti genotipi (varietà ed ibridi selezionati soprattutto all'estero) "alto oleici", con contenuto acidico compreso fra il 45 ed il 52%. Sarebbe preferibile orientarsi verso varietà a ciclo medio-precoce. L'investimento unitario prevede da 5 a 6 piante al metro quadro, con distanze interfila di circa 75 cm. Non sono stati osservati particolari vantaggi produttivi nello stringere le distanze tra le fila.

A fronte di un fabbisogno di circa 4,5 kg di azoto per ogni quintale di acheni prodotto, una resa di 2,5 t ha^{-1} di granella (rappresentativa delle produzioni medie) comporta un prelievo di azoto dal terreno pari a 110-115 kg ha^{-1}. Lo sviluppo del girasole è molto rapido e l'assorbimento di azoto dal terreno procede con ritmo intenso fin dagli stadi iniziali dell'accrescimento. Pertanto la distribuzione dell'intera dose di azoto può essere effettuata preventivamente fin dalla semina. Altra modalità, mirante soprattutto ad evitare perdite per dilavamento, è quella di frazionare la dose tra semina e copertura, effettuando la seconda distribuzione (eventualmente in concomitanza con una sarchiatura) nell'ultimo periodo utile prima che le piante "chiudano" lo spazio tra le file impedendo l'accesso dei mezzi meccanici. Il girasole presenta modeste esigenze nei riguardi del fosforo, ma è molto esigente nei confronti del potassio, il cui assorbimento procede a ritmo intenso fino alla fioritura. Il fabbisogno di questo elemento è stimato in 9,7 kg di K_2O per quintale di acheni prodotti, che corrispondono a quasi 250 kg ha^{-1} per una produzione media di 2,5 t ha^{-1} di acheni (Monotti, 2007).

Nelle aree irrigue, il girasole non è proponibile quale coltura assistita da irrigazione con pieno soddisfacimento delle esigenze idriche, perché non competitivo con altre colture irrigue dotate di più alta potenzialità produttiva e capaci di fornire un reddito più elevato. L'intervento irriguo, dove praticato, si limita ad un numero assai contenuto di adacquate a specifica finalità di soccorso, effettuate però con volumi d'acqua cospicui. Modalità irrigue di tale tipo sono praticamente ordinarie nelle aree di coltivazione più meridionali della penisola, dove l'accentuata aridità rende di norma indispensabile almeno un sussidio irriguo. Frequente, però, è la coltivazione in asciutto, particolarmente nelle aree collinari, più fresche ed umide. Il volume d'acqua fornito deve essere tale da portare a capacità idrica di campo uno strato di terreno di almeno 50-60 cm, al fine di costituire riserve in profondità prelevabili dalle radici e protette da eccessive perdite per evaporazione superficiale. Il momento in cui viene effettuato l'intervento deve cadere entro la fase in cui più critico è l'effetto del deficit idrico sulla produzione e più alta la valorizzazione produttiva dell'acqua; tale periodo si colloca fra la formazione del bottone fiorale e la fine della fioritura (Ferreira & Abreu, 2001).

La tecnica agronomica convenzionale consente produzioni di seme superiori a 3,0 t ha^{-1} al Centro, con una modesta variabilità fra genotipi, ed intorno a 2,7 t ha^{-1} al Nord. Molto più aleatorie sono le rese nelle regioni meridionali con valori di frequente inferiori alle 2 t ha^{-1}. Per quanto riguarda il contenuto in olio, i valori più frequentemente osservati sono compresi fra il 46 ed 48%.

Il girasole ha dimostrato di essere una coltura idonea ad una opportuna semplificazione della tecnica colturale attraverso una complessiva riduzione degli *input* agrotecnici. Ciò consente di realizzare interventi meno onerosi, sia nell'ottica di risparmiare costi colturali non essenziali che dispendi energetici inopportuni. In altri termini, la coltura mostra di avvantaggiarsi considerando itinerari tecnici a basso livello di intensità colturale senza che si manifestino effetti pregiudizievoli sui livelli di resa ordinariamente conseguiti. In particolare, l'ausilio di limitatati apporti irrigui sembra costituire la strategia più proficua per la valorizzazione della coltura.

In *Figura 5* sono rappresentate le fasi fenologiche del ciclo colturale del girasole e l'andamento della produzione della fitomassa totale e della sua parte economicamente utile, costituita dagli acheni. Nei vari stadi fenologici (*Foto 6, 7, 8*) si vengono a determinare le componenti della produzione dalla cui reciproca interazione scaturisce il risultato produttivo della coltura.

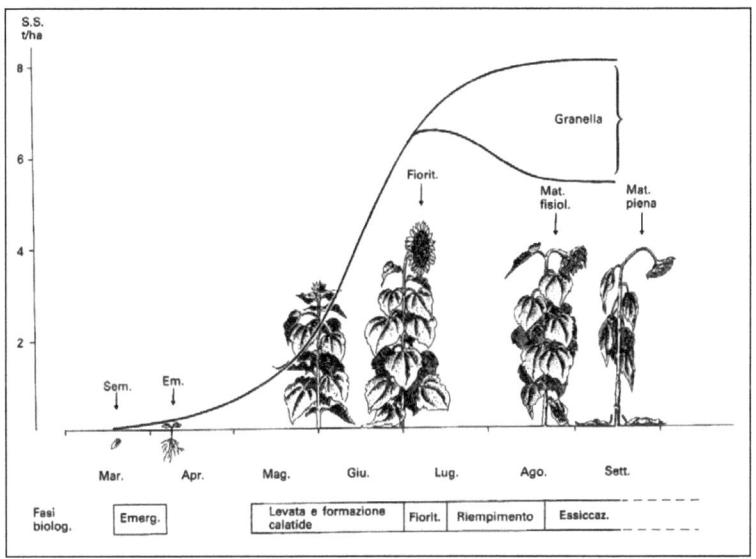

Figura 5 - Accrescimento del girasole nel corso delle fasi fenologiche durante il ciclo colturale (Bonciarelli, 1987)

Figura 6 - Fase di emergenza del girasole

Figura 7 - Fase di levata del girasole

Figura 8 - Maturazione piena del girasole

2.2 La coltivazione del girasole nell'area dei Monti Dauni

Nelle aree elianticole dei Monti Dauni, il girasole è quasi sempre realizzato in coltura asciutta. Dato il profilo climatico degli ambienti, caratterizzato essenzialmente da ridotta e irregolare piovosità durante i mesi in cui si svolge gran parte del ciclo colturale, il girasole ha possibilità di offrire produzioni di concreto interesse solo su terreni di medio impasto o argillosi, capaci di immagazzinare rilevanti riserve idriche.

Nel caso specifico, i terreni utilizzati risultano idonei alla coltivazione del girasole, in quanto a prevalente natura argillosa. E' stata realizzata una lavorazione tradizionale, consistita in un'aratura assai profonda (a circa 40 cm) assai dispendiosa in termini energetici ma ancora oggi ritenuta utile per ampliare la capacità d'invaso del suolo, secondo tecniche convenzionali di aridocoltura che, però, oggi andrebbero rivisitate alla luce delle più moderne acquisizioni tecniche conseguenti alla pratica delle lavorazioni a carattere conservativo (*minimum tillage* e/o *sod seeding*).

21

Successivamente all'aratura, è stata effettuata una doppia erpicatura, prima con un erpice a dischi e successivamente con un erpice a molle, allo scopo di rompere l'eccessiva zollosità del terreno ed affinare il letto di semina. Tale duplice intervento, ancora una volta, conseguente alla tecnica tradizionale adottata. Con riferimento alla semina, l'esperienza pratica dell'azienda ha individuato in 7 piante per m^2 la densità ottimale, considerando quindi 70.000 piante ad ettaro. L'impianto della coltura prevede la semina a file, la cui distanza interfila nel nostro caso è stata di 80 cm e la distanza intrafila di 21 cm. La riduzione dell'interfila anticipa la completa copertura del terreno da parte della coltura, aumentandone il potere di competizione sulle erbe infestanti. La migliore tecnica di esecuzione della semina è quella che impiega seminatrici di precisione di tipo pneumatico dotate degli appositi dischi per il girasole. Occorre porre attenzione alla regolazione delle seminatrici, in particolare agli organi di distribuzione del seme, e verificarne il corretto funzionamento prima di iniziare le operazioni e nel corso delle stesse. Altrettanto importante è il rispetto della giusta velocità di avanzamento, affinché si assicuri la precisa collocazione dei semi lungo la fila, evitando doppie deposizioni e vuoti da cui si generano fallanze.

La profondità di semina, nel nostro caso, è stata di 4 cm. È importante che tale profondità sia uniforme su tutto l'appezzamento e per la regolazione degli organi della seminatrice risulta essere fondamentale la valutazione della sofficità del terreno.

La semente commerciale di girasole viene venduta a "dosi", confezioni contenenti un determinato numero di "semi" (generalmente 70.000) conciati con prodotti anticrittogamici dei quali deve essere obbligatoriamente indicato il principio attivo e la sua classe di tossicità sul cartellino del produttore.

La semente utilizzata dall'azienda "Di Pierro" è stata la varietà "*Solaris*", caratterizzata da un ciclo di fioritura medio-tardivo, da ciclo di maturazione medio-tardivo, una taglia alta e resistente alla Peronospora.

Per ottenere nascite ragionevolmente pronte, entro un massimo di 15 giorni dalla semina, è richiesta una temperatura media di circa 10°C. Negli ambienti dell'Italia meridionale si può procedere alla semina fin dal mese di febbraio. Forzare l'anticipo della semina rispetto a quanto riportato generalmente, può esporre la coltura a notevoli rischi di mancata germinazione. Se la temperatura rimane a lungo su valori troppo bassi, il tempo necessario alla germinazione ed emergenza può risultare eccessivamente lungo, esponendo semi e plantule a marciumi, attacco di parassiti, di ristagni idrici. Al contrario, ritardi della semina rispetto all'epoca consigliata per l'ambiente, possono portare la fioritura e la successiva fase di produzione degli acheni sempre più verso il periodo caldo e siccitoso dell'estate.

La semina del girasole presso l'azienda "Di Pierro", date le condizioni meteorologiche dell'annata, è stata eseguita tra il 15 di Aprile e il 30 Maggio (*Foto 9*).

Figura 9 - Semina del girasole

Il girasole, quale coltura a ciclo primaverile-estivo senza sussidio di irrigazione, trova nel nostro territorio un forte fattore limitante nella aridità del clima e, di frequente, nel decorso siccitoso dell'annata.

Per questi motivi, corrispondentemente, anche le esigenze in elementi nutritivi risultano modeste, specialmente per quel che riguarda azoto e fosforo. L'apparato radicale del girasole è in grado di mobilitare nutrienti dagli strati profondi del terreno, specialmente il potassio che è il solo elemento verso cui l'oleifera presenta spiccate esigenze elevate.

Nel nostro caso non è stata effettuata alcuna somministrazione di concimi, sostanzialmente per una ragione economica comprovata da esperienze precedenti nella coltivazione del girasole.

In azienda, la raccolta è stata effettuata con una mietitrebbiatrice (*Foto 10*) collegata ad una barra falciante avente delle "navette" allungate ed appuntite, in grado di incanalare lo stelo del girasole verso delle lame che si muovono velocemente, aiutati da un aspo che convoglia il capolino all'interno della mietitrebbiatrice. I girasoli sono stati raccolti dal 26 Agosto sino alla metà del mese di settembre, con una produzione unitaria media assai insoddisfacente e pari a 1,5 t ha^{-1}. Non è stato possibile procedere alla determinazione del contenuto in olio degli acheni.

Figura 10- Raccolta del girasole

2.3 L'estrazione dell'olio e la sua trasformazione in biodiesel

Il processo di estrazione dell'olio dai semi di girasole può essere realizzato attraverso sistemi chimici (mediante estrazione con solvente), o meccanici (per pressione). Il primo di questi, data l'alta efficienza di processo, rappresenta il metodo di estrazione più diffuso. Con l'estrazione meccanica, invece, nella matrice solida residua una frazione di olio compresa tra l'8-14% della parte estraibile. Negli impianti industriali la spremitura meccanica viene completata mediante estrazione con solvente, esaurendo quasi completamente il panello. In un impianto inserito in una filiera agro-energetica, il residuo in olio contenuto nel panello può essere più convenientemente valorizzato, destinandolo tal quale all'alimentazione zootecnica. (Ciaschini et al., 2005)

Il processo estrattivo meccanico viene adottato in virtù della facilità di esecuzione, della limitata manutenzione e della flessibilità di utilizzo per differenti tipologie di prodotto. La spremitura meccanica del seme viene effettuata impiegando presse discontinue o continue. L'estrazione con presse discontinue avviene mediante cicli di compressione esercitati da un pistone che scorre all'interno di un cilindro ed è adottato solo per la produzione di oli pregiati (olio di oliva, burro di cacao) ed in piccoli impianti. La pressa continua, invece, si basa su un processo di compressione senza interruzione che avviene tra le pareti interne di una camera cilindrica ed un elemento meccanico interno ad essa, in rotazione sul proprio asse longitudinale. Il fenomeno dell'estrazione è condizionato da numerosi fattori, tra questi la pressione e la temperatura di processo rappresentano i parametri più significativi. L'ottimizzazione di questi parametri ha quindi un forte impatto sul rendimento estrattivo.

Nella *Foto 11* si evidenzia una pressa, modello Coter 2001, per la spremitura a freddo dei semi di oleaginose. La successiva pulitura dell'olio avviene mediante filtrazione primaria effettuata con un filtro pressa, mentre quella secondaria è condotta prima con un filtro a cartoni e successivamente, per la filtrazione di sicurezza, è stato utilizzato un filtro a cartuccia con i diametri della maglia inferiore a 1µm, in maniera tale da eliminare le eventuali torbidità, derivanti dal processo di spremitura.

Figura 11- Pressa meccanica per l'estrazione di olio

L'olio vegetale puro (*Pure Vegetable Oil* - PVO) è quello che si ottiene dalla spremitura di semi di oleaginose e successiva semplice filtrazione. In tal caso, non avviene alcuna raffinazione chimica. Il *biodiesel*, diversamente, è ottenuto dall'olio vegetale sottoposto ad una reazione di trans-esterificazione che determina la sostituzione dei componenti alcolici d'origine (glicerolo) con alcool metilico, in presenza di un catalizzatore alcalino (NaOH). Questo processo gli conferisce caratteristiche chimico-fisiche molto simili al gasolio.

La produzione e l'impiego del PVO è particolarmente adatta al settore agricolo. Diversamente dal *biodiesel*, l'ottenimento di PVO non comporta passaggi intermedi di lavorazione che costituiscono un costo aggiuntivo di filiera. La produzione di PVO può essere ottenuta direttamente nell'azienda agricola o da consorzi e permette agli agricoltori di massimizzare i loro benefici economici, specie quando l'olio è valorizzato all'interno dell'azienda agricola in cogeneratori e/o per l'approvvigionamento in biocarburanti delle trattrici (Figura 12).

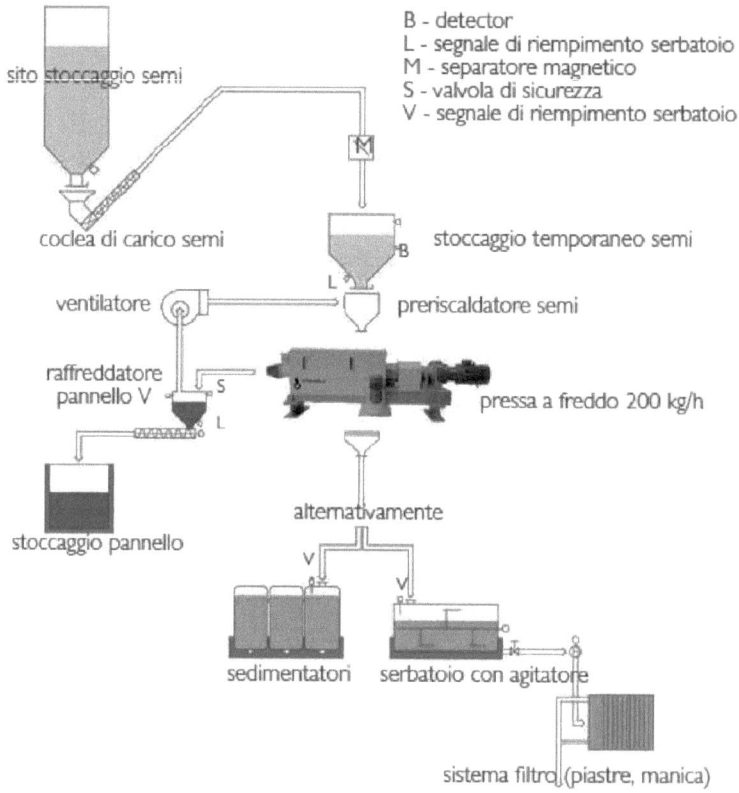

Figura 12 - Schema d'impianto di un frantoio decentralizzato per la produzione di PVO

Proprietà standardizzate dell'olio garantiscono il corretto funzionamento dei motori ed il rispetto dei limiti di emissione. La densità ed il punto di infiammabilità sono valori fissi, dipendenti dal tipo di seme impiegato per l'ottenimento dell'olio. Le proprietà variabili sono influenzate, invece, da alcuni fattori quali le condizioni colturali, la qualità del seme, il processo di trasformazione e le condizioni di immagazzinamento.

L'olio vegetale presenta una viscosità fino a 20 volte maggiore del gasolio e un punto di infiammabilità nettamente più elevato, oltre alla tendenza alla polimerizzazione che facilita la formazione di depositi nella pompa di iniezione e provoca altri danni, più o meno gravi, al motore. Per questi motivi, l'uso del PVO presuppone che ci siano specifiche modifiche al motore che vengono effettuate montando particolari *kit* di conversione, a seconda del tipo di motore. I principali sistemi di adattamento dei motori sono suddivisi in due categorie: " sistema ad un serbatoio" e "sistemi a due serbatoi". I motori adattati con "sistema a due serbatoi" sono avviati e arrestati con gasolio, mentre nella fase intermedia, in condizioni ottimali, sono fatti funzionare con l'olio vegetale. L'alternanza olio/gasolio è controllata da una centralina elettronica. Nel caso dei "sistemi ad un serbatoio", il motore è alimentato unicamente a olio vegetale. Non tutti i motori possono essere convertiti con successo perciò è bene fare riferimento ad aziende specializzate. Alcune di queste aziende rilasciano anche una garanzia sul sistema di conversione.

3. Discussione critica in merito all'attività di studio

Chiarito quale sia il tema affrontato nell'esperienza di tirocinio e presentate le attività in cui esso è consistito, rimangono da svolgere alcune valutazioni in merito alla proposta avanzata fin dalle premesse, ovvero che la coltivazione del girasole negli ambienti dei Monti Dauni possa costituire attività utile ad un autonomo approvvigionamento di biocarburante tale da soddisfare i consumi energetici connessi alla meccanizzazione delle aziende agricole (ovvero, l'obiettivo dell'autosufficienza energetica).

Questa valutazione implica il soddisfacimento di almeno tre distinte ed imprescindibili condizioni. La prima condizione riguarda la <u>fattibilità agronomica della coltivazione</u> e, più in particolare, la possibilità che possano essere conseguiti, adottando le più idonee tecniche agronomiche, dei livelli produttivi che giustifichino il dispiegarsi degli interventi di coltivazione. La seconda condizione riguarda invece le <u>prestazioni ambientali della filiera incentrata sulla produzione del *biodiesel*</u> a partire dalla coltivazione del girasole. Questa condizione, più nello specifico, attiene al <u>bilancio energetico</u>, ossia al saldo energetico che deve risultare significativamente positivo (l'energia che può essere rilasciata dall'impiego del prodotto combustibile deve essere di gran lunga superiore a quella complessivamente impiegata per ottenerlo), così come attiene anche al <u>risparmio emissivo</u> (riduzione del rilascio di gas ad effetto serra) che deve manifestare un elevato vantaggio rispetto ad un uguale ammontare energetico di origine fossile. La terza ed ultima condizione riguarda il <u>criterio economico</u>, ossia l'effettiva capacità competitiva del biocarburante nei riguardi dell'omologo carburante di origine fossile (nel presente caso specifico rappresentato dal gasolio).

3.1 Sostenibilità di filiera: valutazione agronomica

Nell'analisi della sostenibilità della filiera, gli aspetti di più difficile determinazione sono risultati proprio quelli legati alla produzione di pieno campo: gli interventi colturali adottati per la coltivazione di girasole, gli impieghi delle macchine e degli altri fattori tecnici, le variazioni produttive in funzione dell'andamento meteorologico e delle condizioni pedologiche, sono tutti elementi in grado di esercitare un'elevata variabilità che rende difficoltosa un'opportuna ma necessaria generalizzazione.

Dall'analisi agronomica, eseguita avendo a riferimento l'area geografica dei Monti Dauni, è possibile derivare che ci troviamo al limitare dell'area di ottimale coltivazione del girasole. In altri termini, con riferimento alla coltura dell'oleaginosa nell'ambiente Dauno, si è prossimi al verificarsi di condizioni di "marginalità" tecnica. Condizioni di marginalità tecnica si verificano allorché fattori di ordine pedo-climatico condizionano la riuscita della coltivazione in modo molto più influente di quanto non possano fare ragionevoli interventi di tecnica colturale. I vincoli ambientali sono, in altri termini, più stringenti nel condizionare la produzione di quanto gli interventi tecnici possano agire nel favorirla.

E' chiaro che ad una condizione di marginalità tecnica corrisponde anche una condizione di marginalità di tipo economica. Ovvero, livelli produttivi sufficienti e stabili nel tempo sono conseguibili solo a mezzo di interventi colturali in grado di sostenere adeguatamente il processo di coltivazione; ciò determina però una significativa lievitazione del costo colturale che riduce sensibilmente il beneficio netto di coltivazione. Condizioni di marginalità economica implicano, pertanto, un maggior rischio che il beneficio netto della coltivazione (ossia la differenza fra ricavi e costi inerenti la coltivazione) possa risultare negativo, configurando una perdita imprenditoriale.

Questo sensibile rischio innesca un atteggiamento imprenditoriale improntato al massimo risparmio, riducendo al minimo i costi di coltivazione, ovvero operando una drastica semplificazione del processo di coltivazione che viene realizzato con un apporto irrisorio, se non nullo, dei fattori produttivi (primo fra tutti il fertilizzante). Fra gli agricoltori dell'area, il comune sentire è di considerare il girasole una coltura di tipo "rustico" che, pertanto, non necessita di un significativo apporto agro-tecnico per conseguire produzioni che, sebbene limitate, possano ritenersi almeno soddisfacenti. Non sorprende, quindi, che le produzioni siano, in realtà, particolarmente basse e che solo un anno su quattro o cinque, per particolari vantaggi nel decorso meteorologico dell'annata, si possano annoverare produzioni di un certo interesse. L'alea produttiva, in queste aree, è quindi l'elemento più caratterizzante.

Le problematiche agronomiche più di rilievo riguardano il momento della semina e la localizzazione geografica della coltivazione. Strategica rilevanza assume riuscire ad anticipare la semina per favorire il precoce completamento del ciclo e sfuggire alle condizioni dei mesi estivi più aridi. D'altro canto, la localizzazione dei campi in aree a maggiore altitudine (in collina o nella bassa montagna) favorirebbe un regime pluviometrico meno arido rispetto alle aree di pianura ed un apporto di pioggia, sebbene limitato, comunque sufficiente per completare il ciclo produttivo in regime seccagno. In realtà, tanto più si sposta in altitudine la collocazione dei campi di girasole tanto più occorre ritardare la semina trattandosi di aree, rispetto alla pianura, in cui i rigori invernali sono più prolungati. Difficile, quindi, riuscire a superare queste difficoltà anche facendo appello ad una scelta varietale che dovrebbe veder favoriti i genotipi più resistenti alle basse temperature e quelli a maturazione precoce, ovvero con un ciclo produttivo relativamente breve.

Alternativa radicalmente opposta al *modello estensivo* di coltivazione (più confacente alle aree interne di collina) è il *modello intensivo* (più rispondente, invece, alle aree di pianura), in cui il girasole è coltivato con ausili tecnici adeguati e, in particolare, viene sostenuto con apporti irrigui limitati (non più di 2 mila metri cubi ad ettaro di volume stagionale) ma ben collocati nelle fasi fenologiche di maggiore criticità (rispettivamente all'emergenza ed fra le fasi di bottone fiorale e fioritura). Come vedremo, il modello intensivo implica un dispendio energetico in entrata (*input*) più elevato, a cui dovrebbe corrispondere un incremento energetico in uscita (*output*) di entità più che proporzionale per poterne giustificare il dispiegamento (Riva et al., 2005).

3.2 Sostenibilità di filiera: valutazione ambientale

La determinazione del bilancio energetico ed emissivo si è avvalsa di un approccio metodologico che fa riferimento alla "Analisi del Ciclo di Vita", ovvero "Life Cycle Assessment" (LCA), secondo la letteratura anglosassone (Cherubini et al., 2009). Il primo passo è quello di definire i confini del sistema oggetto di studio e di indentificare, attraverso un'accurata e sistematica procedura d'inventariazione, tutti i flussi di materia ed energia che entrano nel sistema (nel corso del processo produttivo) e tutti i flussi che vi fuoriescono (sia in termini di prodotto, sottoprodotti ovvero scarti e rifiuti).

La scelta metodologica operata nella presente analisi è stata quella di attribuire tutti i costi energetici ed emissivi alla sola produzione del *biodiesel*. Pertanto, non si è eseguita alcuna allocazione di tali costi ad altri sottoprodotti (per esempio il "panello") pur rinvenibili nel processo produttivo che conduce all'ottenimento del *biodiesel*. Le considerazioni che hanno indotto tale scelta sono le seguenti:

1. Si è inteso verificare la validità della proposta avendo come esclusivo obiettivo la completa sostituzione aziendale del carburante di origine fossile (altre eventuali produzioni essendo considerate un semplice corollario).

2. Si è adottato un atteggiamento particolarmente conservativo, in grado di valutare con rigore e severità l'effettiva convenienza ambientale della proposta.

3. Si sono volute evitare incertezze in merito all'applicazione delle procedure di allocazione, ancora oggi fonte di notevole variabilità ed indeterminazione.

Al fine di caratterizzare la filiera produttiva, sono state assunte le seguenti ipotesi (JEC, 2008):

1. Sono stati considerati solo gli *input* energetici diretti (concimi, sementi, fertilizzanti, diserbanti, ecc.), essendo quelli indiretti relativi alla capitalizzazione energetica di fattori produttivi a logorio parziale (per esempio macchine ed attrezzi).

2. Il contenuto in olio degli acheni viene considerato fisso, ossia esso non varia rispetto alla produzione, all'annata o ad altre condizioni colturali, anch'esse considerate invarianti e mediamente riferibili all'area geografica considerata.

3. Il contenuto in olio degli acheni è pari al 40-44% (allo stato secco) mentre l'efficacia del processo estrattivo dell'olio per semplice spremitura meccanica degli acheni è pari all'80%.

4. Il potere calorifico dell'olio di girasole è pari a 37,7 GJ/t.

5. Il processo di trans-esterificazione consente l'ottenimento di 0,95 tonnellate di biodiesel per tonnellata di olio di girasole.

6. Il biodiesel ha un potere calorifico pari a 37,2 GJ/t.

7. Il potere calorifico del "panello" con una concentrazione residuale in olio pari al 5-10%, è di 18,84 GJ/t.

8. Dal processo di trans-esterificazione si ottengono 105,6 kg di glicerolo per ciascuna tonnellata di biodiesel prodotto.

9. Il potere calorifico del glicerolo è pari a 16 GJ/t.

In *Tabella 3.* sono riportati i valori unitari d'energia primaria di alcuni input diretti. Emerge con evidenza l'elevato contenuto di energia primaria dei concimi inorganici, in particolare, l'impiego di azoto (N) equivale a circa 49 MJ kg^{-1}. In raffronto ai 15 ed i 10 MJ kg^{-1} rispettivamente di Fosforo (P_2O_5) e Potassio (K_2O). Per i fitofarmaci viene proposto un unico valore energetico (268,4 MJ kg^{-1}), anche se la sintesi di questi composti chimici potrebbe richiedere apporti energetici assai variabili in funzione dello specifico principio attivo considerato, motivo per cui andrebbero valutati caso per caso. Occorre quindi esplicitare, per ciascuna tipologia d'intervento colturale, gli *input* agrotecnici impiegati; ciò consente di predisporre un inventario completo delle tipologie e delle quantità di fattori immessi nel processo. L'inventario dei ricavi energetici (*output*), sul fronte opposto, prende in considerazione il contenuto energetico presente nei prodotti ed eventuali sottoprodotti del ciclo produttivo. Si tratta, in altri termini, di quantificare l'ammontare dell'energia incorporata nei prodotti e nei sottoprodotti in base al contenuto calorico che si sprigiona a seguito della loro combustione diretta (per esempio tramite "bomba calorimetrica").

Input agro-tecnici	Contenuto energetico	Coefficienti emissivi GHG			
	MJ/kg	*g CO2/kg*	*g CH4/kg*	*g N2O/kg*	*g CO2-eq/kg*
Fertilizzante azotato (kg N)	48,99	2.827,00	8,68	9,64	5.917,23
Fertilizzante fosforico (kg P_2O_5)	15,23	964,89	1,33	0,05	1.013,51
Fertilizzante potassico (kg K_2O)	9,68	536,31	1,57	0,01	579,25
Pesticida	268,40	9.886,50	25,53	1,68	11.025,74
Sementi	7,87	412,1	0,91	1,0028	733,7
Gasolio	43,10	3.777,28	0,00	0,00	3.777,28
Lubrificanti	53,28	947,00	0,00	0,00	947,00

Tabella 3 - Valutazione del contenuto energetico e del contributo emissivo clima-alterante espresso dai differenti input agrotecnici impiegati nella coltivazione del girasole

Riguardo alla coltivazione del girasole, la *Tabella 4* identifica la sequenza di tutte le operazioni eseguite mediante l'impiego di mezzi meccanici ed il conseguente consumo in carburanti e lubrificanti a cui corrisponde un dispendio energetico pari, in totale, a 6,4 GJ per ettaro (Bonari et al., 1992).

Operazione meccanica	Consumo di carburante	Consumo di lubrificante	Costo energetico
	kg/ha	kg/ha	GJ/ha
Aratura (profondità 40 cm)	65,00	0,36	2,821
Erpicatura (erpice rotante)	9,93	0,12	0,434
Erpicatura (erpice a denti elastici	9,93	0,12	0,434
Preparaz. e trasporto concimi (rimorchio agricolo)	3,30	0,04	0,144
Concimazione di fondo (spandiconcime centrifugo)	3,30	0,04	0,144
Preparaz. e trasporto sementi (rimorchio agricolo)	3,30	0,04	0,144
Semina (seminatrice a file)	8,71	0,10	0,381
Preparaz. e trasporto concimi (rimorchio agricolo)	3,30	0,04	0,144
Concimazione copertura (spandiconcime centrifugo)	3,30	0,04	0,144
Sarchiatura (controllo meccanico infestanti)	14,00	0,05	0,606
Raccolta (mietitrebbia)	15,90	0,09	0,690
Trinciatura residui	6,20	0,03	0,269
Totale	**146,16**	**1,07**	**6,357**

Tabella 4 - Consumi di combustibile e carburante connessi alle operazioni meccaniche agrarie di coltivazione del girasole e corrispondente costo energetico. (Bonari et al., 1992)

La *Tabella 5*, invece, riferisce l'ammontare unitario (ossia per ettaro di superficie coltivata) dei mezzi tecnici impiegati nella coltivazione del girasole, con particolare riferimento all'apporto di concimi (di fondo ed in copertura e delle sementi). I costi energetici diretti relativi all'impiego dei fattori produttivi di coltivazione ammontano, complessivamente, a 3,0 GJ per ettaro. Dunque sommando i costi energetici di meccanizzazione (6,4 GJ/ha) e quelli relativi agli altri fattori produttivi di coltivazione (3,0 GJ/ha) si ottiene un dispendio totale di energia pari a 9,4 GJ/ha.

Fattore tecnico	Quantità impiegata	Energia equivalente	Energia immessa nel processo
	kg/ha	MJ/kg	GJ/ha
Sementi	4,60	7,87	0,036
Concimazione di fondo			
Fosfato biammonico 18:46 (150 kg/ha)			
Azoto	27,00	48,99	1,323
Fosforo	69,00	15,23	1,051
Concimazione in copertura			
Nitrato ammonico 26% (150 kg/ha)			
Azoto	39,00	15,23	0,594
Totale			**3,004**

Tabella 5 - Consumi di combustibile e carburante connessi alle operazioni meccaniche agrarie di coltivazione del girasole e corrispondente costo energetico

Le emissioni di gas serra relativi alla fase di coltivazione del girasole, così come determinato in *Tabella 6*, ammontano a complessivi 1.017 kg di CO_2-eq. per ettaro. Si parla di CO_2 equivalente in quanto sono stati opportunamente considerati anche i rilasci in CH_4 ed N_2O la cui concentrazione, però, è stata convertita in valori equivalenti di anidride carbonica utilizzando i rapporti di equivalenza espressi dall'IPCC (CH_4= 25 e N_2O = 298).

	Coefficienti emissivi GHG	Quantità	Emissioni GHG	Ripartizione
	g CO2-eq/kg	kg/ha	kg CO2-eq/ha	%
Fertilizzante azotato (kg N)	5.917,231	66,000	390,537	38,40
Fertilizzante fosforico (kg P2O5)	1.013,509	69,000	69,932	6,88
Sementi	733,733	4,600	3,375	0,33
Gasolio	3.777,284	146,164	552,103	54,29
Lubrificanti	947,000	1,072	1,016	0,10
Total			1.016,963	100,00

Tabella 6 - Computo delle emissioni dei gas ad effetto serra (GHG) conseguenti alle operazioni di coltivazione del girasole (Ragaglini et al., 2011)

Riguardo, invece, alla fase di trasformazione del girasole, ossia al processo di spremitura dei semi, estrazione dell'olio e conversione dell'olio in biodiesel, dati reperiti in letteratura (JEC, 2008) hanno consentito di predisporre la *Tabella 7* dalla quale si evince che i costi energetici di trasformazione sono pari a circa 2,0 GJ per tonnellata di acheni lavorati, mentre i costi emissivi sono complessivamente pari a 134 kg di CO_2-eq. per tonnellata di acheni lavorati.

Gli acheni di girasole presentano una concentrazione in olio pari a circa il 40-44% (Hofman et al., 1980). Se si assume un tasso estrattivo pari all'80%, da 1.000 kg di acheni è quindi possibile ottenere (1.000 * 0,42 * 0,80 =) 336 kg di olio e, a complemento, 664 kg di "panello" (con un contenuto in olio residuale dell'8,5%).

Stadio del processo	Forma energetica	Impiego energetico unitario	Coefficiente emissivo	Emissioni unitarie
		GJ/t di semi	*kg CO2-eq/GJ*	*kg CO2-eq/t di semi*
Immagazzinamento semi	elettricità	0,878	23,0	20,183
Spremitura dei semi	elettricità	0,180	23,0	4,140
Raffinazione	elettricità	0,008	23,0	0,177
Raffinazione	vapore	0,119	62,0	7,378
Esterificazione	elettricità	0,037	23,0	0,840
Esterificazione	metanolo	0,735	137,8	101,214
Deposito del biodiesel	elettricità	0,011	23,0	0,244
Totale		**1,966**		**134,175**

Tabella 7 - Computo delle emissioni dei gas ad effetto serra (GHG) conseguenti alle operazioni di post-raccolta del girasole ed alla sua trasformazione in biodiesel (JEC, 2008)

Al fine di operare delle stime sufficientemente attendibili, occorre considerare l'ampia variabilità delle produzioni del girasole negli ambienti di riferimento. Partiamo dunque dal presupposto di valutare un intervallo produttivo compreso fra 1,2 e 2,5 t/ha, così come assunto in *Tabella 8*. Costi e ricavi energetici sono riportati in tabella non solo riguardo ai due estremi produttivi ma anche considerando i tre differenti fasi del processo: ottenimento del seme (processo di coltivazione), ottenimento dell'olio (primo processo di trasformazione, ovvero molitura), ottenimento del biodiesel (secondo processo di trasformazione, ovvero esterificazione). Non considerando alcuna allocazione dei costi energetici ai sottoprodotti della prima e della seconda trasformazione (*Tabella 8.A*), il guadagno energetico relativo alla produzione degli acheni è compreso fra i 22 ed i 56 GJ/ha, quello relativo all'olio scende fra i 4 ed i 19 GJ/ha, ed infine quello relativo al biodiesel si riduce a soli 2-15 GJ/ha. E' chiaro, infatti, che con il procedere delle trasformazioni di filiera aumentano i consumi energetici e cala significativamente il guadagno netto di energia che è possibile conseguire. La situazione non pare migliorare particolarmente allorché si estenda l'allocazione dei costi energetici di processo anche ai sottoprodotti, quali panello e glicerolo, così come appare in *Tabella 8.B*. Le medesime *Tabelle 8.A ed 8.B* riportano anche i valori di rendimento energetico. Tale indice pone in rapporto i ricavi rispetto ai costi energetici. Un saldo energetico positivo, quindi, implica che il rendimento energetico sia superiore all'unità.

L'ottenimento del biodiesel a partire da girasole coltivato negli ambienti dei Monti Dauni offre a considerare un rendimento energetico solo di poco superiore all'unità (1,22 – 2,08), condizione che non consente di poter affermare che il requisito della sostenibilità ambientale sia pienamente soddisfatto

A	PRODUZIONE		POTERE CALORIFICO	RICAVI ENERGETICI		COSTI ENERGETICI		GUADAGNO ENERGETICO		RENDIMENTO ENERGETICO	
	$t\,ha^{-1}$		$GJ\,t^{-1}$	$GJ\,ha^{-1}$		$GJ\,ha^{-1}$		$GJ\,ha^{-1}$		-	
	min	max		min	max	min	max	min	max	min	max
coltivazione											
acheni	1,20	2,50	26,30	31,56	65,75	9,36	9,36	22,20	56,39	3,37	7,02
molitura											
olio	0,40	0,84	37,70	15,20	31,67	10,78	12,32	4,42	19,35	1,41	2,57
panello	0,80	1,66	18,84	15,01	31,27	-	-	-	-	-	-
esterificazione											
biodiesel	0,38	0,80	37,20	14,25	29,69	11,72	14,28	2,53	15,41	1,22	2,08
glicerolo	0,04	0,08	16,00	0,65	1,34	-	-	-	-	-	-
B	PRODUZIONE		POTERE CALORIFICO	RICAVI ENERGETICI		COSTI ENERGETICI		GUADAGNO ENERGETICO		RENDIMENTO ENERGETICO	
	$t\,ha^{-1}$		$GJ\,t^{-1}$	$GJ\,ha^{-1}$		$GJ\,ha^{-1}$		$GJ\,ha^{-1}$		-	
	min	max		min	max	min	max	min	max	min	max
coltivazione											
acheni	1,20	2,50	26,30	31,56	65,75	9,36	9,36	22,20	56,39	3,37	7,02
molitura											
olio	0,40	0,84	37,70	15,20	31,67	5,42	6,20	9,78	25,47	2,80	5,11
panello	0,80	1,66	18,84	15,01	31,27	5,36	6,12				
esterificazione											
biodiesel	0,38	0,80	37,20	14,25	29,69	11,21	13,66	3,04	16,03	1,27	2,17
glicerolo	0,04	0,08	16,00	0,65	1,34	0,51	0,62				

Tabella 8 - Computo del guadagno energetico e del rendimento energetico inerente il processo di produzione e di trasformazione del girasole in olio, prima, e biodiesel successivamente, come pure negli altri sottoprodotti della filiera. Nel riquadro (A) non si applica alcuna allocazione dei costi energetici ai sottoprodotti; in (B), diversamente, l'allocazione è proporzionale al valore energetico dei prodotti e sottoprodotti.

3.3 Sostenibilità di filiera: valutazione economica

La verifica della sostenibilità passa necessariamente anche attraverso la valutazione economica della produzione. Con riferimento alla coltivazione del girasole, è stato redatto un conto colturale sui dati ottenuti in base ad indagini aziendali (Aforis, 2007). Esso è rappresentato in *Tabella 9*.

INTERVENTI COLTURALI	NOTE	COSTI ad ETTARO			
		ESPL.	IMPL.	PARZ.	TOT.
LAVORAZIONI PREPARATORIE					
lavorazione principale	aratura a 25 cm	41,00	14,00	55,00	
primo ripasso	erpicatura	20,20	9,80	30,00	
secondo ripasso	erpicatura	20,20	9,80	30,00	
CONCIMAZIONE DI FONDO					63,00
trasporto e distribuzione	spandiconcime centrifugo	8,00	7,00	15,00	
acquisto concime	fosfato biammonico 18:46 - 150 kg/ha	48,00		48,00	
SEMINA					70,00
acquisto della semente	4 kg/ha	30,00		30,00	
semina meccanica	seminatrice a righe	23,20	16,80	40,00	
CONCIMAZIONE IN COPERTURA					60,00
trasporto e distribuzione		16,00	14,00	30,00	
acquisto concime	nitrato ammonico 26% - 150 kg/ha	30,00		30,00	
DISERBO					40,00
sarchiatura		22,00	18,00	40,00	
RACCOLTA					64,00
mietitrebbiatura		34,00	21,00	55,00	
trasporto		4,80	4,20	9,00	
TOTALE COSTI DIRETTI		297,40	114,60	412,00	412,00
Ammortamento capitale fondiario			100,00	100,00	
Spese generali	5% della PLV		20,00	20,00	
Imposte, tasse e contributi		40,00		40,00	
Interessi sul capitale di anticipazione	6% sui Costi totali	12,00		12,00	
TOTALE COSTI INDIRETTI		52,00	120,00	172,00	172,00
COSTI TOTALI		349,40	234,60	584,00	584,00

RICAVI	NOTE	RICAVI ad ETTARO			
voci di ricavo		ESPL	IMPL.	PARZ.	TOT.
prodotto	granella 1,8 t/ha X 350 €/t			630,00	
PRODUZ. LORDA VENDIBILE				630,00	630,00
PROFITTO	imprenditore puro				34,00
MARGINE LORDO	imprenditore concreto				280,60

Tabella 9 - Conto economico-colturale relativo al girasole

E' possibile notare che il costo totale di coltivazione è di circa 584,00 Euro/ha, contemplando sia costi diretti che indiretti sostenuti dall'azienda.

Considerando una produzione media in granella di 1,8 t/ha e tenendo conto di un prezzo di vendita della granella (350 Euro/t), si ottiene una Produzione vendibile lorda (PVL) che si aggira intorno ai 630 Euro/ha.

Negli anni scorsi, era anche previsto un contributo comunitario per le aziende che realizzavano una coltivazione di colture energetiche, di 45 Euro/ha. Tale contributo, oggi, è stato eliminato.

Ponendo a raffronto costi e ricavi, può essere stimato un margine di profitto lordo pari a 34,00 Euro/ha.

E' del tutto evidente che tale margine non consente di giustificare l'attività di coltivazione e costituisce la ragione più evidente ed immediata della difficoltà che incontra la coltivazione del girasole e la progressiva contrazione delle superfici oggi dedicate alla coltura nella provincia di Foggia (non più di 3.000 ettari complessivamente).

4. Considerazioni conclusive

I risultati ottenuti dalle analisi svolte nel capitolo precedente consentono di formulare un giudizio in merito alla sostenibilità agronomica, ambientale ed economica della produzione del girasole destinato al rifornimento aziendale in biocarburanti (biodiesel).

Occorre purtroppo formulare un giudizio complessivamente poco incoraggiante nei riguardi della coltura oleaginosa. La sua redditività, stante gli attuali livello di prezzo ed i livelli di produttività conseguibili nell'area d'interesse, è piuttosto contenuta e ciò non ne agevola l'adozione da parte degli imprenditori agricoli.

In particolare, è dato segnalare un significativo rischio di perdita economica connesso alla coltivazione del girasole (ossia possibili, anzi probabili valori negativi di utile lordo), sia in regime intensivo che estensivo, nel caso in cui non si realizzassero livelli produttivi soddisfacenti. E' soprattutto il girasole coltivato in regime intensivo a mostrare rischi più accentuati di negatività degli utili. Questa considerazione induce a confermarne, almeno tendenzialmente, la più idonea coltivazione del girasole nelle aree collinari interne, a clima estivo complessivamente più fresco e lievemente più piovoso. In genere, però, non è dato verificare una significativa differenza fra margine utile corrispondente a modelli colturali intensivi od estensivi.

Anche le valutazioni a carattere ambientale, incentrate sia sul bilancio energetico che sul risparmio emissivo dei gas ad effetto serra, non ha offerto motivi diversi che inducessero ad un ripensamento in merito al giudizio non incoraggiante sulla coltura del girasole nei nostri ambienti.

Si possono senza dubbio evidenziare vantaggi energetici confrontando gli *input* e gli *output* di energia relativi all'intera filiera agro-energetica; allo stesso modo risulta confermato il risparmio emissivo di gas clima-alteranti rispetto alle emissioni ascrivibili all'omologa filiera fossile. Il punto, però, è che tali vantaggi risultano essere estremamente limitati e di certo non così rilevanti tali da incentivare la creazione di una filiera produttiva la cui strutturazione implica notevoli sforzi organizzativi e logistici.

Le considerazioni qui svolte sono esclusivamente riferibili all'area geografica dei Monti Dauni e non possono essere estese alle regioni del Centro Italia dove, al contrario, le condizioni climatiche più idonee e le produzioni notevolmente più elevate determina uno stato di sicuro interesse verso la creazione di una filiera agro-energetica incentrata sul girasole.

Bibliografia

- *Aforis, AmbienteItalia, Università di Foggia (a cura di), 2007. Secondo Rapporto dello Studio per la Valorizzazione Energetica di Biomasse. Cap. 2 Valutazione economica delle coltivazioni a scopo energetico; Cap. 3 Valutazione energetica delle coltivazioni da biomassa (entrambi i capitoli redatti da Monteleone M.).*

- *Bonari E, Peruzzi A., Mazzoncini M., Silvestri N., 1992. Valutazioni energetiche di sistemi produttivi a diverso livello di intensificazione colturale. L'Inf. Agrario, Supplemento al N. 1, 11-25.*

- *Cherubini F., Bird N.D., Cowie A., Jungmeier G., Schalandinger B., Woess-Gallash S., 2009. Energy- and greenhouse gas-based LCA of biofuel and bioenergy systems: key issues, ranges and recommendations. Resources, Conservation and Recycling, 53, 434-447.*

- *Ciaschini F., De Carolis C., Toscano G., 2005, Aspetti tecnici ed economici della estrazione meccanica dell'olio di girasole a scopi energetici, da l'ingegneria agraria per lo sviluppo sostenibile dell'area mediterranea.*

- *Ferreira A.M. & Abreu F.G., 2001, "Description of development, light interception and growth of sunflower at two sowing dates and two densities", da Mathematics and Computers in Simulation 56, Cap. 2, pp. 371-372.*

- *Flagella Z. & Monteleone M., 2011. "Perspectives on Sunflower as an Energy Crop" Cap.9, in "Energy Crops", Edited by N.G. Halfold & A. Karp, Royal Society of Chemestry, Energy and Environmental Series No. 3, pp. 165-186*

- *Hofman V., Dinusson W. F., Zimmerman D., Helgeson D. L., Fannins C., 1980. Sunflower oil as a fuel alternative. North Dakota State University, Cooperative Extension Service, Circular AE-694.*

- *IPCC, 2006. Guidlines for national gas inventories. Vol. 4, Agriculture, forestry and other land use.*

- *JEC, 2008. Weel-to-wheal study version 3.*

- *Monotti M.,2007, "Manuale di corretta prassi per la produzione integrata del girasole", Cap. 1-8, pp. 2-37*

- *Ragaglini G., Triana F., Villani R., Bonari E., 2011. Can sunflower provide biofuel for inland demand ? An integrated assessment of sustainability at regional scale. Energy, 36, 2111-2118.*

- *Riva G., Foppa Pedretti E., Toscano G., Scrosta V., Cerioni R., Ciaschini F., Duca D., Bordoni A., 2005, "Agroenergie: Filiere locali per la produzione di energia elettrica da girasole", da Progetto PROBIO, Cap. 4-5, pp. 28-36.*

- *Vannini L., 2005, "Dai campi i carburanti del futuro", da Agricoltura, pp117-118*

Biografia

Mario di Pierro nasce a Foggia il 20 Gennaio 1991. Risiede a Troia, in provincia di Foggia, dove sin da adolescente unisce agli studi di indirizzo scientifico, il seguire l'attività di famiglia. Laureato all'Università di Foggia, presso il Dipartimento di Scienze Agrarie, degli Alimenti e dell'Ambiente, in Scienze e Tecnologie Agrarie, con una relazione di tirocinio in Ecologia Agraria e votazione 108/110, ad oggi, è iscritto al secondo anno della Laurea Magistrale.

Grande appassionato di musica e moto, accompagna alla carriera universitaria l'impegno nell'attività di rappresentanza studentesca ed è stato eletto, nelle elezioni studentesche tenutesi nell'Aprile 2014, come senatore accademico per il Dipartimento di Agraria, in seno al Senato dell'Università di Foggia.

Printed by Books on Demand GmbH, Norderstedt / Germany